未小读
人文科普系列
女性开拓者小传

阿达的
数字时代预言

世界第一位计算机程序员 阿达·洛芙莱斯

[美] 坦尼娅·李·斯通 著

[美] 玛乔里·普莱斯曼 绘　徐海幉 译

未小读
UnRead Kids

北京联合出版公司
Beijing United Publishing Co.,Ltd.

图书在版编目（CIP）数据

阿达的数字时代预言 /（美）坦尼娅·李·斯通著；
（美）玛乔里·普莱斯曼绘；徐海幈译 . — 北京：北京
联合出版公司 , 2020.5（2022.3 重印）
ISBN 978-7-5596-4006-2

Ⅰ . ①阿… Ⅱ . ①坦… ②玛… ③徐… Ⅲ . ①应用数
学—儿童读物 Ⅳ . ① O29-49

中国版本图书馆 CIP 数据核字 (2020) 第 033998 号

WHO SAYS WOMEN CAN'T BE
COMPUTER PROGRAMMERS? The
Story of Ada Lovelace

by Tanya Lee Stone
illustrated by Marjorie Priceman

北京市版权局著作权合同登记号 图字:01-2020-0946 号

阿达的数字时代预言

〔美〕坦尼娅·李·斯通 著
〔美〕玛乔里·普莱斯曼 绘
徐海幈 译

选题策划	联合天际
特约编辑	毕 婷
责任编辑	牛炜征
美术编辑	梁全新
封面设计	徐 婕

出 版	北京联合出版公司
	北京市西城区德外大街 83 号楼 9 层 100088
发 行	北京联合天畅文化传播有限公司
印 刷	天津联城印刷有限公司
经 销	新华书店
字 数	10 千字
开 本	889 毫米 ×1194 毫米 1/16 3 印张
版 次	2020 年 5 月第 1 版 2022 年 3 月第 2 次印刷
I S B N	978-7-5596-4006-2
定 价	42.00 元

未小读
UnRead Kids
和世界一起长大

未读CLUB
会员服务平台

献给天下所有能够突破思维定式的人。

——坦尼娅·李·斯通

在英格兰的肯特郡，一座美丽的小村庄外，有一条长长的车道，道路两旁种满了欧椴树，道路的尽头住着一个充满奇思妙想的小女孩——阿达。因为阿达经常独自一人待着，她变得越来越能琢磨出一些有趣的想法来和自己玩耍。

　　阿达给自己的猫取名为"泡芙夫人"，这位"泡芙夫人"总是会专心致志地听她说话。不像阿达的母亲，"泡芙夫人"从不会因为她表现得好就给她发一张奖状，也从不会在她被认为表现不好的时候没收奖状。而且"泡芙夫人"也从不会强迫阿达站在黑漆漆的壁橱里，直到她保证做一个乖孩子。

　　阿达的母亲——拜伦夫人，不是有意对女儿如此严苛，她只是想用自己的方式保护女儿。拜伦夫人认为阿达的父亲所具有的那种天马行空的想象力很危险，她不希望自己的女儿像她的父亲那样。

　　阿达的父亲是拜伦勋爵，一位享誉世界的诗人，他放荡混世的行为几乎跟他的诗歌一样出名。阿达的父母结婚未满一年，拜伦夫人就受够了丈夫，她给女儿裹上一条温暖的毯子，就这样带着女儿回了自己父母的家。当时，阿达只有五周大。

几个月后，由于欠下了巨额债务，拜伦勋爵跳上了一辆镀金马车，他还没给马车付钱就急匆匆地奔向了海岸，然后仓促地登上了一艘前往法国的轮船，就这样逃离了英国。此后，他就再也没有见过自己的女儿。

　　拜伦夫人已经决定了培养阿达最好的方法，以确保阿达长大后不会像她父亲那样拥有漫无边际的想象力，那就是让阿达接受数学教育，训练她像数学家那样思考。因此，从阿达四岁起，拜伦夫人就开始聘请家庭教师教导她。

　　八岁的时候，阿达机灵的小脑瓜每天有六个多小时的时间沉浸在音乐、法语和数学学习的世界里。尽管她一直在学习，不幸的是，阿达经常生病，但是对学习充满热情的阿达对其他领域的很多知识也很感兴趣，如绘画、写作、唱歌、弹钢琴和拉小提琴。

　　当阿达十二岁时，她完全痴迷于设计飞行器这个想法。她想设计一种外形像马的飞行器，还想参照鸟的翅膀为自己制作一对翅膀。阿达请求母亲给她一些绘制鸟的书，但拜伦夫人没有满足女儿的请求，反而增加了她学习数学的时间。

拜伦夫人决心要驯服她精力充沛、意志顽强的女儿，以确保阿达嫁给一个门当户对的男人。在19世纪初期，除了将女儿培养成一位淑女和贤妻之外，父母们很难设想他们的女儿还有什么更好的出路，就连拜伦夫人这样受过良好教育的女性也不例外。

阿达快十八岁的时候，拜伦夫人将她介绍给了王室。阿达穿着白色绸缎和薄纱做成的长裙礼服，向威廉国王和阿德莱德王后行屈膝礼，也令她感到开心。但是她和母亲参加的另一种聚会远比见到国王和王后更令她着迷。

玛丽·萨默维尔¹　　　查尔斯·狄更斯　　查尔斯·巴贝奇

¹译注：玛丽·萨默维尔（1780—1872），苏格兰女性科普作家、博学家，最早入选英国皇家天文学会的两位女性会员之一。凭借渊博的知识和为科普事业所做的开创性工作，她赢得了"19世纪的科学女王"的美誉。

一位名叫查尔斯·巴贝奇的科学家十分迷人，他喜欢和有趣的人待在一起。众所周知，巴贝奇经常在家里举办热闹的聚会。人们冲着妙趣横生的交流聚会，蜂拥到他家，同时也想见识一下巴贝奇接下来会展示什么新发明！

1833 年，最简单的计算器已经问世了，这种机器能够处理简单的算术题，例如：

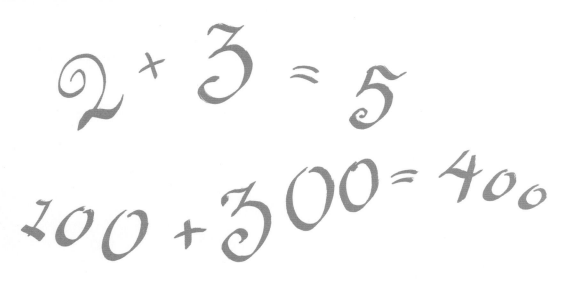

$$2 + 3 = 5$$

$$100 + 300 = 400$$

这时候，查尔斯·巴贝奇已经设计了一种机器，并制作完成了机器的一部分，他将这种机器命名为"差分机"。这种机器能够自动计算多达 20 甚至 30 个数长的算术题，例如……

一天晚上，阿达见到了查尔斯。提到自己发明的机器时，查尔斯说它"工作起来就像是小孩子玩自己的玩具一样"。十二天后，他们又见面了，查尔斯向阿达展示了自己制造的那台模型机器。在阿达的眼中，查尔斯的发明非常美妙，她被这项发明彻底迷住了。

计算的可能性……无穷的数值模式和算式，不只是数字

数学魔女……

未知数

这次经历对阿达来说是一个重大的转折点。她激动地意识到数学和想象力并不一定是相互对立的关系，而她的母亲曾经极度想让她接受它们是对立的观点。其实数学和想象力完全可以是相辅相成的关系！阿达发现自己可以和查尔斯探讨各种想法。一段伟大的友谊萌芽了。两人书信往来频繁，而且还会互相登门拜访，多半时间他们都会一起散步，一边走一边聊数学和哲学问题。

至于差分机，因为受限于当时的技术水平和昂贵的造价，制造整台机器的计划并没有实现。不过，查尔斯的脑子在飞速运转，他已经有了一个更大胆的构想和设计——新的机器，这种新机器能够根据接受的指令进行任何形式的数学运算。他给这种机器取名叫"分析机"。

查尔斯见过一种雅卡尔织布机，这种织布机上带有卡片，卡片的特定位置上都打着孔，每一张卡片都能告诉织布机接下来应该使用哪一种颜色的线、编织什么花纹。雅卡尔织布机能够在布匹上编织出复杂的提花图案。有些图案甚至就像画一样！最重要的或许还在于，这些穿孔卡片能够为织布机发出无穷无尽的指令。

查尔斯知道他可以借用这种穿孔卡片系统给自己设计的数学机器下达无限的指令。这在计算领域里还是一个全新的概念。当时，查尔斯的机器还能完成的一些工作，就连他本人都还不明白。

但是，阿达明白。

阿达很清楚雅卡尔织布机的工作原理，也懂数学。这些前提再加上她所说的"美丽想象的白色翅膀"，让她得以看到"我们周围看不见的世界"。阿达明白，这种机器能够编织数字。

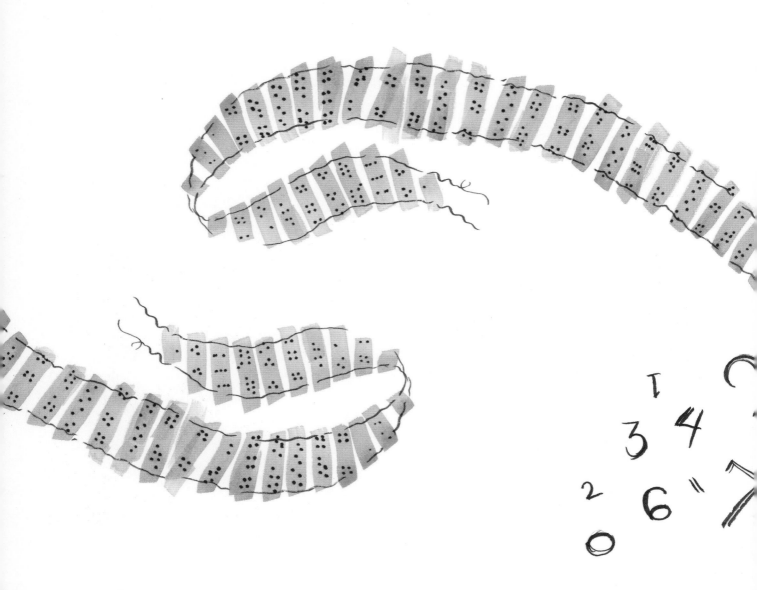

正如她后来写的那样，"就像雅卡尔织布机编织花朵和叶子的图案一样"，"这种机器能做很多事情，只要我们知道如何给它下达执行的命令"。

对于查尔斯来说，阿达是个完美的助手，她能帮助查尔斯获得更多外界的关注和资助，这些都是他的发明极其需要的，这样他才能负担起制造这台机器的费用。在查尔斯前往欧洲介绍他的机器期间，意大利的一位数学家兼工程师根据查尔斯的介绍写了一篇关于分析机的论文，但论文是用法语写的。阿达提供帮助的机会来了。她将法语论文翻译成英文，然后拿给查尔斯看。

查尔斯的反应令阿达吃了一惊。他说："我问她为什么自己不写一篇原创的论文……接着，我还建议她可以补充一些自己的解释。"

尽管阿达那么聪明、大胆，她也从未产生过这种念头。在19世纪，女性根本不会做撰写科学论文这种事情。但是，当然，她改变了这种状况！

在这段时间里,阿达经常生病。尽管如此,她还是在努力为论文撰写注释,对这项工作充满了热情,在写给查尔斯的很多信中,她都提到了这篇论文般的注释:"今晚就写到这里吧,我已经说不出话、写不了字,也没有力气思考了……不过,我感觉自己比任何时候都更像仙女了。"

当她完成论文的翻译时，她的注释所占的篇幅比原来
的论文长了一倍多。后来，她的注释也变得更为世人所知。
因为，她构想出并且描述出了查尔斯没有意识到的事情：
查尔斯设计的分析机不仅有能力处理数字，而且还能够
创作像图画、音乐之类的东西，就像今天的电子计算机
所做的一样！

最终，查尔斯没能筹措到足够的资金将自己的设计变成现实。如果当时能制造出分析机，计算机时代的到来很有可能就会被提前一百年。在很大程度上，我们都应该感谢阿达——她既有数学家的头脑，也有诗人的想象力。

关于这本书更多的故事

  创作非虚构类绘本的时候，总是有很多迷人的细节我无法写在故事里。有时候，把某些细节排除在外是令人十分苦恼的。例如，在阿达10岁那年，拜伦夫人带着她畅游欧洲的经历；在13岁到15岁将近三年的时间里，阿达卧床不起，跟疾病做斗争，她患上的很有可能是脊髓灰质炎（俗称小儿麻痹症），而且她还饱受身体局部瘫痪的折磨；查尔斯·巴贝奇如何不遗余力地得到了一幅约瑟夫·玛丽·雅卡尔——雅卡尔织布机的发明者——的布面肖像画，挂在自己家里。我和绘者玛乔里·普莱斯曼的合作是一场美妙的冒险，因为我可以和她分享我的想法，而最终为故事赋予什么样的视觉外观由她来决定。例如，在看过她带有数字和文字的一幅草图后，我受到了启发，找到了一些真正的方程式，供她参考。

  有关拜伦勋爵的故事能装满几本书，但是，在这本书里我关注的焦点是阿达对计算机的未来所做的贡献。尽管如此，有一点还是值得一提。拜伦勋爵是一个颓废、有很多缺点的人，作为父亲尤其如此，但是他确实很爱自己的女儿，父女分离的事情令他感到很痛苦（尽管他没有做过任何努力，以改变这种状况）。他跨过英吉利海峡，从英国逃到了法国，在动荡的旅途中，他写下了《恰尔德·哈罗德游记》，其中第三章的开篇三节，他写道："可爱的孩子，你的脸庞是否像你的母亲？/阿达！我们家和我心中唯一的女儿？/上次见到你时，你幼小的蓝眼睛里含着笑。/随后，我们就分开了……"

  尽管彼此十分疏远，阿达的父亲和母亲似乎不约而同地达成了一致意见——阿达不能变成像父亲那样的人。在逝世前，拜伦说过："上帝让她变成什么样的人都行，就是不要变成诗人，家里有一个这样的傻瓜就够了。"

  才华横溢的阿达可不是傻瓜，她有很多事情要做。从查尔斯最初构想出分析机直到她发表了为分

析机写下注释的十年时间里，阿达也于1835年同威廉·金结了婚，在四年的时间里生下了三个孩子。阿达在家里占据着绝对主导地位，威廉也乐于让她执掌大权，他很清楚妻子比他更聪明，这似乎并不令他感到苦恼。然而，阿达却对丈夫缺乏野心和志向感到厌倦。她渴望拥有一个在智力上和她旗鼓相当的伙伴，她想有所成就。幸运的是，和查尔斯的友谊让她的心愿得到了满足。这两种关系的结合似乎让阿达获得了幸福，查尔斯成了这家人的常客。

关于阿达，还有很多值得了解的事情。她享受过欢乐和冒险，也经历过拮据的生活。不幸的是，因为子宫癌，阿达在她37岁生日到来之前就病故了。

查尔斯同样度过了非常迷人的一生。他举办的大型晚会无疑让阿达遇到了她所渴望的精神伙伴。他的宾客中就包括当时的一些名人，如查尔斯·达尔文、查尔斯·狄更斯、弗罗伦斯·南丁格尔、玛丽·萨默维尔和阿尔弗雷德·丁尼生勋爵。至于查尔斯·巴贝奇的差分机，在20世纪90年代，人们终于根据他当年的设计制造出了一台实用模型机器。现在，这台机器被永久性地收藏在英国伦敦的科学博物馆里，以供展览。查尔斯一直在不断完善着对分析机的设计，直到他在79岁的时候与世长辞。阿达和查尔斯所完成的工作为后来科学家们的研究奠定了基础。

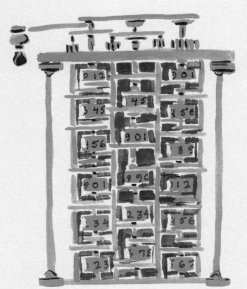

阿达的名字

　　对阿达了解得越多，你就会发现人们常常以不同的名字称呼她：阿达·拜伦，阿达·洛芙莱斯，伯爵夫人。出生时，她的家人为她取名为"奥古斯塔·阿达·戈登"，因为她是乔治·戈登的女儿。人们通常都将她的父亲称为"拜伦勋爵"，对她的称呼则采用了她的中间名"阿达"。因此，她通常被称为"阿达·拜伦"。

　　和威廉·金结婚后，她的正式名字变成了"奥古斯塔·阿达·金"。在威廉成为洛芙莱斯伯爵后，她又成了"奥古斯塔·阿达·金，洛芙莱斯伯爵夫人"，简称"洛芙莱斯夫人"。"阿达·洛芙莱斯"这个名字其实一点也不准确，不过人们似乎已经认定它了！

参考文献

詹姆斯·埃辛格，《阿达算法：拜伦勋爵的女儿阿达·洛芙莱斯开启数字时代》，布鲁克林，纽约：梅尔维尔出版社，2014。

沃尔特·艾萨克森，《革新家》，纽约：西蒙与舒斯特出版公司，2014。

乔西亚·克莱萨，《阿达·洛芙莱斯简介：100个注释——100个点子》，柏林：汉杰坎茨出版社，2011。

贝蒂·亚历山德拉·图尔，《数字魔女阿达：计算机时代的先知》，米尔谷，加利福尼亚：草莓出版社，1998。

本杰明·伍利，《科学的新娘：浪漫、理性和拜伦的女儿》，纽约：麦格劳-希尔出版公司，1999。

引文来源

"工作起来就像是小孩子玩自己的玩具一样"：埃辛格，p.81。

"美丽想象的白色翅膀"和"我们周围看不见的世界"：图尔，p.94。

"就像雅卡尔织布机编织花朵和叶子的图案一样"：埃辛格，p.169。

"这种机器能做很多事情，只要我们知道如何给它下达执行的命令"：克莱萨，p.120。

"我问她为什么自己不写一篇原创的论文……接着，我还建议她可以补充一些自己的解释"：埃辛格，p.150。

"今晚就写到这里吧，我已经说不出话、写不了字，也没有力气思考了……不过，我感觉自己比任何时候都更像仙女了"：图尔，p.153。

"上帝让她变成什么样的人都行，就是不要变成诗人，家里有一个这样的傻瓜就够了"：埃辛格，p.55。